최강 스도쿠 3 (고급)

최강 스도쿠 3 (고급)

2019년 7월 15일 1쇄 발행
2024년 5월 15일 5쇄 인쇄
2024년 5월 25일 5쇄 발행

그림 · 기획 | 퍼즐 아카데미연구회
감수 | 강주현
엮음 | 편집부
펴낸이 | 이규인
편집 | 최미라
펴낸곳 | 도서출판 창
등록번호 | 제15-454호
등록일자 | 2004년 3월 25일
주소 | 서울특별시 마포구 대흥로 4길 49, 4층(용강동 월명빌딩)
전화 | (02) 322-2686, 2687   **팩시밀리** | (02) 326-3218
홈페이지 | www.changbook.co.kr
e-mail | changbook1@hanmail.net

ISBN : 978-89-7453-463-9(13410)

정가 8,000원

THE
STRONGEST
SUDOKU

THE STRONGEST SUDOKU

최강 스도쿠

고급

창
Chang
Books

가장 어려운 '스도쿠'를 갈망했던 분들께 드리는

최고의 선물!

지금까지 세상에 나온 스도쿠 책을 모두 섭렵하고 '이제 더 이상 내가 풀 수 없는 문제는 이 세상에 없는가?'라며 어려운 문제에 목말라 있던 스도쿠 마니아들! 그들의 갈증을 해소하기 위해 탄생된 이 책이 드디어 여러분을 찾아갑니다. 여기 실린 모든 문제들이 결코 만만하게 풀리는 문제가 아님을 다시 한 번 상기하셔서, 급하게 다가가지 말고 충분히 시간을 들여 즐기듯이 풀어주십시오. 이 책을 펼치는 모든 분들이 너무 어렵다고 포기하지 않으셨으면 하는 바람입니다. 끝까지 풀어내는 당신이야말로 스도쿠의 최고수입니다!

◆스도쿠 룰과 풀이 방법◆

룰

1. 세로 9열, 가로 9열의 모든 열에 1~9까지의 숫자가 하나씩 들어갑니다.

2. 굵은 선으로 그려진 모든 9개의 칸 안에도 1~9까지의 숫자가 하나씩 들어갑니다.

풀이 방법

최강 스도쿠를 풀기 위해서는 각각의 문제에 따라 몇 가지 테크닉이 필요합니다. 테크닉의 종류를 크게 나누어 보면 네 가지가 있습니다.

가. 어떤 숫자가 어느 칸에 들어갈까

나. 어떤 칸에 어느 숫자가 들어갈까

다. 복합적인 테크닉(정원을 확정하는 방법)

라. 고도의 테크닉(숫자 게임의 최상급 해법 테크닉)

기본적인 방식은 가와 나의 두 종류입니다. 다의 복합적인 테크닉은 그것들을 한데 조합한 것에 불과합니다.

가와 나에서도 각각의 열에 주목을 하거나 블록에 주목하는 두 가지 풀이 방법이 있습니다. 일단은 기본적으로 각각의 패턴을 익히도록 합시다.

가. 어떤 숫자가 어느 칸에 들어갈까

1. 열에 주목

1이 위에서부터 셋째 열의 어느 칸에 들어갈지를 생각해 봅니다. ×가 있는 칸은 블록 안에 이미 1이 들어 있기 때문에 안 됩니다. 1은 ○의 칸에만 들어갈 수 있습니다.

2. 블록에 주목

1이 왼쪽 위 블록 안의 어떤 칸에 들어갈지를 생각해 봅니다. 세로 열, 가로 열에서 중복되지 않는 칸은 ○의 칸밖에 없습니다. 그러므로 ○에 1이 들어갑니다.

×	×	×				1	
×	×	×		1			
○	×	2					
	1						

나. 어떤 칸에 어느 숫자가 들어갈까

3. 열에 주목

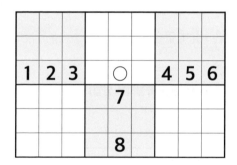

1	2	3		○		4	5	6
				7				
				8				

○의 칸에 들어갈 숫자가 무엇인지를 생각해 봅니다. 세로 열, 가로 열에 9 이외의 숫자가 이미 들어 있습니다. ○에 들어갈 숫자는 9밖에 없습니다.

1		2					
3		4					
	○			5			6
	7						
	8						

○의 칸에 들어갈 숫자가 무엇인지를 생각해 봅니다. 블록 안에 1~4, 세로, 가로 열에 5~8이 이미 들어가 있기 때문에 ○에 들어갈 것은 9밖에 없습니다.

다. 복합적인 테크닉(정원을 확정하는 방법)

			☆	5	☆		
	1	3				4	2
2			4	○	6		1

○의 칸에는 어떤 숫자가 들어가야 할까요? 그것을 결정하기 전에 두 개의 ☆ 칸에 들어갈 숫자를 생각해 봅시다. 이 두

칸에는 세로 열부터 1, 2(순서가 같지 않음)밖에 들어갈 수 없기 때문에, 쉽게 말해서 정원이 꽉 차 있다는 것을 알 수 있습니다. 그렇다면 ☆이나 ○의 어느 한쪽에 들어가야 할 3은 ○에 들어가도록 정해집니다.

6. 정원을 확정하는 방법 2

1	○	☆					
			3			4	5
☆		2		5			
	3						
	4						

5와 같은 방식이지만, 세로와 가로 양 방향에서 정원이 꽉 차 있는 칸을 찾아내는 방법입니다. 두 개의 ☆ 칸에는 3과 4밖에 들어갈 수 없습니다. 그렇다면 이 블록 안에서 5가 들어갈 칸은 ○ 칸밖에 없습니다.

		1		2		
3	☆	4	○		5	☆ 6
		2	★	1		
	7				8	
		5	★	6		

　최상급 문제에서는 정원을 확정하는 방법을 두 번 이상 이용해서 특정 칸에 들어갈 숫자를 찾아내야 할 경우도 있습니다. 이것은 바로 그 예입니다. 이미 ☆ 칸에는 1, 2가 들어가 있기 때문에 ○와 그 좌우의 3칸에는 7~9의 숫자가 들어갈 수 있습니다. 또한 ★ 칸에는 7, 8이 들어간다는 것도 알 수 있습니다. 따라서 ○ 칸에는 9밖에 들어갈 수 없습니다.

라. 고도의 테크닉(숫자 게임의 최상급 해법 테크닉)

　숫자가 세 개 이상이더라도 그 숫자와 같은 만큼의 칸을 차지하는 경우, 정원을 확정하는 방법을 쓸 수 있습니다. 기본적인 방법은 두 개의 숫자일 경우와 같지만, 세 개의 숫자 이

상이 되면 실수할 확률이 배가 되기 때문에 동맹 숫자를 찾기 위해 세심한 주의를 기울여야 합니다.

	6		5					
	4						5	
			4		1		6	
☆	★	2	★	☆	3	9	★	☆
5			2	6				4
	1							

★로 표시된 세 칸에는 세로 열과 블록에 있는 숫자에서 4, 5, 6의 숫자는 들어가지 않습니다. 따라서 ★에는 1, 7, 8 중에 하나가 들어가고, ☆에 4, 5, 6 중에 하나가 들어가게 됩니다. 예제에서는 그 덕분에 하단 중앙의 블록 안에 1이 들어갈 칸을 찾아낼 수 있습니다.

	6		5					
	4						5	
			4		1		6	
		2	1		3	9		
5			2	6				4
	1							

하단 중앙의 블록에서 1이 들어갈 칸이 결정됨

세로 열, 혹은 가로 열의 어느 한쪽에서 어떤 숫자가 사각형의 어느 한쪽과의 대각을 이루는 칸에 들어간다는 것을 알았을 경우에 쓰는 테크닉입니다.

	×			7	×		
	×				×		
8	★	3			☆	2	4
	×				×		
4	×	2		1	8		5
	×				×		
5	☆	8			★	9	6
	×				×		
	×		7		×		

가로 열에서 생각해 보면 위에서 셋째 단과 일곱째 단의 열은 모두다 ★ 또는 ☆의 어느 곳인가에 7이 들어갑니다.

사각형의 대각선에 위치하는 ★★ 혹은 ☆☆의 어느 한쪽에 들어가게 되는데, 어쨌거나 그 ★☆이 있는 세로 열의 어느 한 곳에 7이 들어가기 때문에 그 이외의 × 칸에는 7이 들어갈 수 없습니다. 따라서 다섯째 단의 열에서 7이 들어갈 칸을 찾을 수 있습니다.

				7			
8	★	3			☆	2	4
4		2		1	8	7	5
5	☆	8			★	9	6
		7					

다섯째 단의 열에서 7이 들어갈 칸이 결정됨

CONTENTS

스도쿠 룰과 풀이 방법…004

Question…015

Answer…137

Question

		5		4			3	
8			3			6		
	4				2			9
		7					4	
3				1				7
	1					2		
6			8				9	
		4			5			2
	5			6		7		

Date.　　　　　　　Time.

	1						2	
6			1		7			9
				4				
	2		6		9		4	
		8				3		
	4		3		1		7	
				7				
5			2		3			4
	8						6	

Date. Time.

THE
STRONGEST
SUDOKU

003

	8							1
7							6	
		3	4	5			8	
		1	8					5
				3				
4					9	2		
	9			2	7	8		
	1							4
2							3	

Date. _____   Time. _____

18

3	1			5				9
		7						2
			4				6	
			9		8	3		
2								7
		4	6		1			
	2				3			
6						5		
7				6			4	8

Date. _____

Time. _____

005

5			7				8	4
9		2		8				1
				3				
					6			
	2		1		4			
	3							
		4						
7		1		9				5
8	6		5					2

Date.

Time.

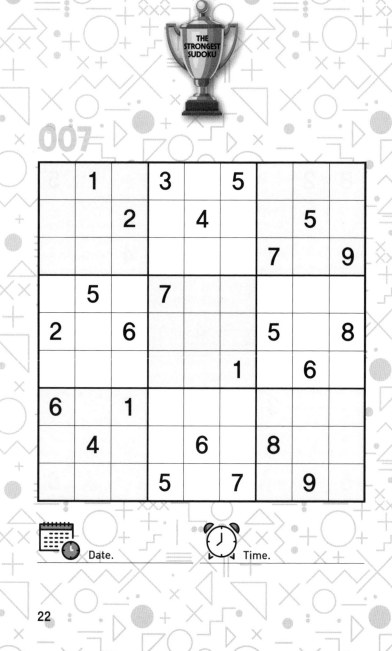

THE STRONGEST SUDOKU

007

	1		3		5			
		2		4			5	
						7		9
	5		7					
2		6				5		8
					1		6	
6		1						
	4			6		8		
		5		7		9	

Date.

Time.

	8			9				2
		7			6			5
		4				1		
	6				2			
5								3
			7				4	
		9				6		
2			5			8		
1				4			7	

Date.

Time.

				6				
			3			2	6	5
	2				4			
4					7			
	8	3				4	9	
			6					3
			9				4	
9	1	6			8			
				2				

Date.

Time.

	5					7		
3					1		4	
	2			5				8
		4	9					
				3				
					8	9		
7				4			3	
	9		7					4
		1					8	

Date.

Time.

	7			3			6	
		4			8			9
		1						2
		3						4
			8		6			
2						9		
9						7		
8			3			5		
	4			5			2	

Date.

Time.

THE STRONGEST SUDOKU

012

	7		5					3
5				8			6	
		3				9		
			7					
	9						5	
		2			6			4
7			2			8		
	5			4				7
		9					1	

Date.

Time.

3					4				2
		8				2	3		
	7							6	
	3		1			8			
2									5
			5			6		1	
	4							3	
		1	8				9		
6					5				7

Date. _____

Time. _____

28

4		5						
	5			8				
3			9			7		
	9			2			4	
		6				3		
	3			4			8	
		8			3			5
				6			2	
					9			6

Date. _____

Time. _____

7							1	
		1	4					8
	3			9		2		
	5			2				
		7	1		6	5		
				3			7	
		4		8			9	
3					4	6		
	9							2

Date.   Time.

THE STRONGEST SUDOKU

016

							8	
	2				7			
8					3		5	
5				6		7		
		2				4		
		1		9				2
	9		4					3
			5				6	
	3							

Date.

Time.

31

		2		5				
	9				4			3
4			7				9	1
		9		6	8			
			9	3		2		
1	3				5			6
6			4				1	
				7		8		

Date.   Time.

THE STRONGEST SUDOKU

7					9			5
	9	4	1	2			8	
							1	
5							2	
	6						3	
	8							6
	5							
	2			3	1	6	4	
8			7					9

Date.

Time.

			1		5			
	1		2		6		4	
		2				3		
3	4						7	8
				5				
6	5						2	1
		3				7		
	2		8		3		6	
			7		4			

Date.   Time.

9			6					7
		8				5		
5		7				9		2
			2		3			
	4						3	
			5		4			
8		2				4		1
		5				7		
3				1				8

Date.

Time.

		8			3			
	5		2			7		
1				4			6	
6			7				1	
		3				2		
	2				8			9
	7			6				2
		4			1		3	
			5			8		

Date.   Time.

		6						
	9			6			3	
			5		2			1
		3	7		9	5		
	1						4	
		9	2		6	7		
8			4		5			
	7			8			9	
						8		

Date.

Time.

	3				9			
		8					4	
			3					2
	2					3		6
		4		1		8		
7			8					9
	1				2			
		6					1	
			5					3

Date.

Time.

		5	9					
		4				6		
3					8	4		
	5		3					
7	9			2			8	5
				6		9		
		1	5					8
		3				2		
					7	5		

Date.

Time.

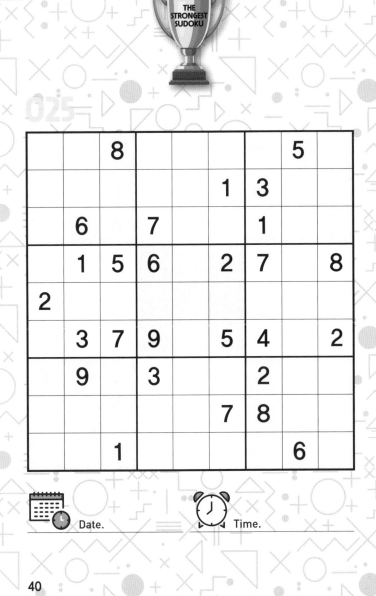

		8					5	
					1	3		
	6		7			1		
	1	5	6		2	7		8
2								
	3	7	9		5	4		2
	9		3			2		
					7	8		
		1					6	

	8	4						1
				7	2			
5							6	
9		6	2				4	
	7				3	8		5
	5							3
		8	3					
1						4	9	

Date.

Time.

		5				4		
	4			2			1	
3				6				8
			7					
	2	1				9	3	
					9			
2				5				7
	1			3			6	
		9				5		

 Date.

 Time.

6				7		2		
					8			9
		8						
	1		5				9	
2		4				8		7
	6				2		3	
						6		
3			2					
		5		4				1

Date.

Time.

THE STRONGEST SUDOKU

	6				8			
3		1				4		2
			3				5	
9		5						
	2						8	
						6		7
	7				2			
2		3				5		4
			4				9	

Date.

Time.

THE STRONGEST SUDOKU

				5	3			4
	7		9				8	
		6				2		
	4							9
2								5
3							2	
		7				9		
	8				4		7	
5			6	2				

Date. _____ Time. _____

45

		5	8				1	
	9			6		3		
4						2		
6					7			
	2			8				4
			3			7	8	
	3	8			9			
1					4			5
				2			7	

Date. _____   Time. _____

46

THE STRONGEST SUDOKU

			4	9				
		3			8	7		
	7						6	
2			1				5	
1								3
	3				2			4
	4						7	
		5	6			9		
				4	3			

Date.

Time.

		1	3					
	8		9				4	
		2				7		9
				5			6	3
			2		8			
7	1			3				
5		9				1		
	6				7		3	
					6	4		

 Date. Time.

		1	9			3	7	
4				1				8
9			8		2			5
		7				3		
2			6		4			1
6				5				4
		5	4		6	9		

Date. _____

Time. _____

Date.

Time.

THE STRONGEST SUDOKU

	2			8				7
6					9		1	
			3			5		
		3			2		6	
1				5				8
	7		8			9		
		5			7			
	9		6					4
8				1			3	

Date. _____ Time. _____

	2	9				3		
				1				6
3			8		9			7
		5				4		
	6						1	
		4				7		
7			5		2			8
9				4				
		3				5	2	

Date.

Time.

52

	1						3	
		5				2		
			8		7			
1	2			4			6	5
		3				7		
5	4			2			8	9
			9		5			
		8				4		
	3						2	

Date. _____

Time. _____

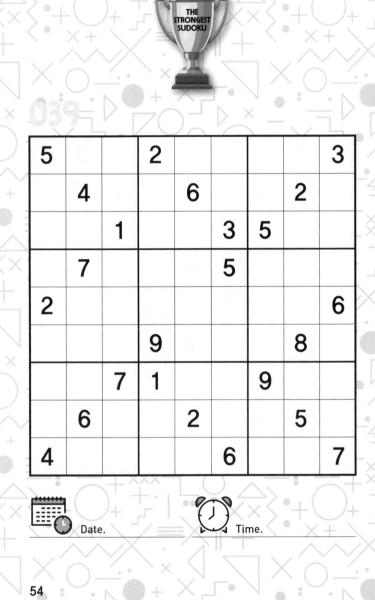

THE STRONGEST SUDOKU

5			2					3
	4			6			2	
		1			3	5		
	7				5			
2								6
			9				8	
		7	1			9		
	6			2			5	
4					6			7

Date.

Time.

54

				9		1		
			5		8			
	9			6				
2		7				9		
	3		4		9		5	
		1				7		6
				5			3	
			3		2			
		8		1				

Date. Time.

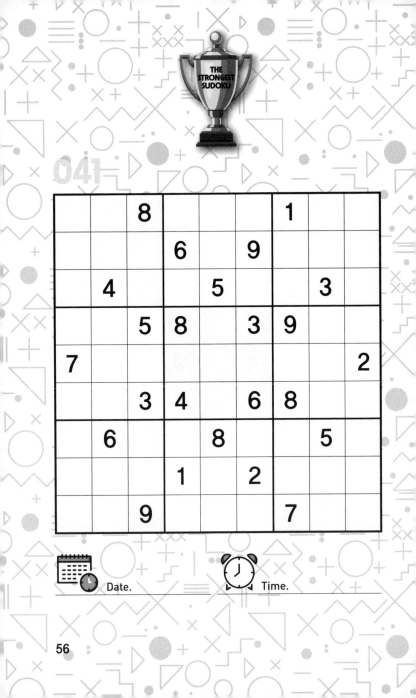

041

		8				1		
			6		9			
	4			5			3	
		5	8		3	9		
7								2
		3	4		6	8		
	6			8			5	
		1		2				
		9				7		

Date.　　　　　Time.

THE STRONGEST SUDOKU

			2			7		
	7				6		9	
1		5				4		
	3			5				7
		9		8				
6				1			2	
	8					5		6
	9	3					1	
		2			7			

Date. _____   Time. _____

	5			4				
		1	2					8
		8		6		9	4	
			6				8	
6		9				7		3
	3				9			
	7	4		8		5		
2					5	4		
				2			3	

 Date.

 Time.

Date.

Time.

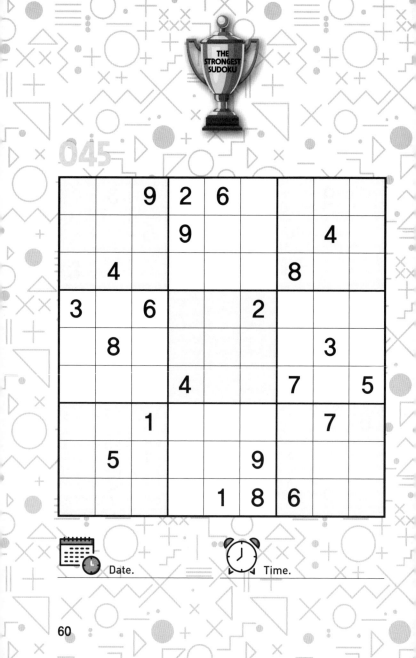

THE STRONGEST SUDOKU

045

		9	2	6				
			9				4	
	4					8		
3		6			2			
	8						3	
			4			7		5
		1					7	
	5				9			
				1	8	6		

Date.

Time.

			8	6				
				1	3		7	2
		5						9
		9			4	7		
5								1
		4	1			8		
7						3		
9	1		2	8				
				3	5			

Date.

Time.

	1			3				
			6	1		8		
9		2			4	6		
4							1	
		7				9		
	3							5
		6	5			1		3
		8		2	6			
				9			4	

 Date.

 Time.

		7				8		
	2		1				6	
6					5			1
		3	6			4		
	8						7	
		9			3	5		
2			5					6
	5				2		3	
		4				9		

Date. _____ Time. _____

8			2				6	
		5				8		2
	1				7		5	
9				2		3		
			4		6			
		7		9				4
	9		1				7	
6		2				9		
	8				5			3

Date.

Time.

	3			6	4			7
8							3	
			2			9		
		5						6
7								2
3						4		
		4			9			
	7							8
2			6	8			5	

 Date.

 Time.

						9	6	8
					7			
		5	2	4				
	3	9	8					
5								4
					4	7	3	
				6	9	5		
			3					
8	6	2						

Date.

Time.

					1	9		
	5	4					7	
3			6				8	
8				4		3		
			2		5			
		1		3				9
	4				9			7
	2					6	3	
		6	7					

Date.

Time.

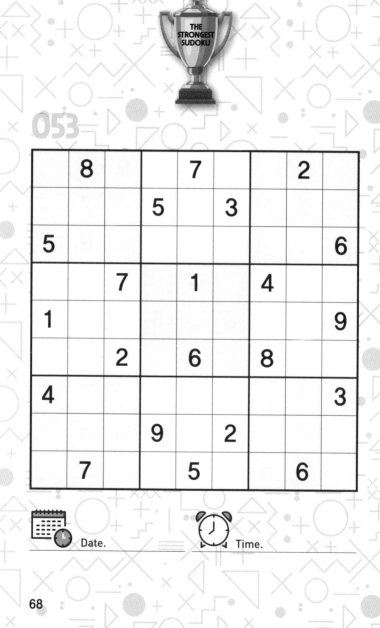

	8			7			2	
			5		3			
5								6
		7		1		4		
1								9
		2		6		8		
4								3
			9		2			
	7			5			6	

Date.

Time.

68

			7		6			
8								7
9	2						5	1
	1		2		9		3	
	6		1		8		2	
4	7						6	8
3								9
			5		1			

Date.

Time.

055

		9	1				5	
3	8						2	
					7			9
		5		3				7
			8		2			
4				6		8		
9			3					
	2						3	4
	7				8	6		

Date.

Time.

5				1	2	7		8
		1						
4				3			2	
2								
1		5				8		4
								9
	5			8				6
						9		
8		3	2	4				1

Date.

Time.

		8	3					4
	7				2		1	
9					4			
2							8	4
				5				
	6		1					5
	5							2
		9	7				6	
					9	3		

Date. _____   Time. _____

4			9			5		3
	2			6				
5			8				7	
						3		5
7		6						
	9				5			8
				2			6	
3		2			6			4

Date.

Time.

	1						7	
2			9					
		4			8	9		
4					3	5		
	5			7			1	
		7	2					3
		3	4			6		
					7			8
	2						9	

Date. _____   Time. _____

		5	4					1
					8	7		
9		2					8	
2			3				4	
			4					
	6				5			3
	8					6		7
		3	8					
1					7	5		

Date.

Time.

2						4		
		6		9				1
	5				3		7	
			6					
	1				7		2	
		3		8				9
1						3		
		9		2				6
	7				4		5	

Date. _____   Time. _____

		6				2		
	2						6	
3				7				9
8			1					
	1	9				7	5	
					5			3
5				9				6
	9						4	
		1				8		

Date.

Time.

9						4		
	1	8					6	
	7			2				8
			2		9			
		6		1		9		
			8		5			
5				8			9	
	3					6	7	
		4						2

Date. _____   Time. _____

		1		7				
	7				6		9	
2			4					6
		3				8		
	5			1			7	
		8				4		
9					5			3
	2		8				6	
				9		1		

Date.

Time.

				7			9	
		7	4			6		
	5	3			1		2	
	6				5			4
		1		9		3		
8			2				7	
	2		6			1	5	
		4			8	7		
	7			3				

 Date.

 Time.

		9	4					5
					2	8		
	6	3	7					
					9	3	6	
	7	5	2					
					8	5	3	
		4	9					
2					5	9		

Date.

Time.

	7							1
2				4	3		9	
		4	9			5		
					8			
9	3			5			6	2
			6					
		8			7	9		
	9		5	6				3
4							1	

Date.

Time.

6			9		2			7
	8						3	
					7			
7		2	5					6
9					6	3		5
			1					
	3						4	
1			2		9			3

Date.

Time.

		8	1					
		5			6			
		9				1	5	2
	7				5			6
				4				
4			8				9	
9	2	4				3		
			9			2		
					1	7		

Date.   Time.

THE
STRONGEST
SUDOKU

6		1						5
					4			3
		9		3		7		
	8				2			
	6						8	
			9				4	
		4		8		6		
2			5					
3						8		9

Date. _____   Time. _____

		4					9	6
				7	9			5
	2	1			5			
		5					7	
				2				
	1					6		
			1			2	4	
1			6	8				
2	3					7		

Date.

Time.

			3	5				
4			8				2	
	7	6			2	9		
	9					7		
		3					6	
		5	6			4	3	
	2				8			1
				9	7			

Date.

Time.

	2						4	
		5				8		
7			1		3			9
	8			7			2	
		4		1		3		
	3			9			6	
1			4		2			7
		3				5		
	9						8	

Date.

Time.

4								5
	7			1		8		
	3				6			
		1		2				
	9		8	5	4		6	
				6		9		
			9				4	
		8		3			5	
2								7

Date. _____ Time. _____

	8			6			3	
				2				7
		9			4			2
2	4						8	
	3						6	4
7			6			9		
5				3				
	2			8			4	

 Date.

 Time.

		3						4
5			7			8		
	7			5			6	
	8		2			4		
6				4				5
		7			9		1	
	2			1			7	
		4			2			9
8						5		

Date.

Time.

							2	
	3	2	1					5
	4				7	8		
	5		7			4		
				6				
		9			5		6	
		6	3				5	
8					2	3	4	
	1							

Date.

Time.

4					8			
	3					6		
		9		3			1	
					4			3
	6			5			9	
2			8					
	7			2		8		
		3					6	
			5					4

Date.

Time.

079

3								6
		7		2		5		
	8		3				1	
				1		4		
	6		4		5		8	
		9		8				
	7				3		6	
		3		5		9		
5								7

Date. _____

Time. _____

	2				9			3
7		4		8			5	
	7			6				
4		5				8		2
				7			4	
	1			3		6		9
6			2				3	

Date. _____ Time. _____

			9			3		
		7	8					
	9	5	3					7
					3		5	9
8	2		6					
4					2	8	6	
					7	4		
		3			8			

Date. _____   Time. _____

				7				
		7	9		1	4		
		9				1		
		4	2		3	8		
				9				
	3	2	1		8	7	6	
	4						5	
	5	6	7		2	3	4	
				8				

Date. _____ Time. _____

	9							
1			3					6
6		2			4		7	
		7		2			4	
	3			7		1		
	8		1			5		9
4					2			3
							8	

 Date.

 Time.

		6	2				8	
	5			1				
9					3			2
3					6		9	
	7			4			3	
	1		8					5
5			1					8
				7			1	
	9				4	2		

Date.

Time.

		2				6		
	5			7			3	
			6		5			
	7						5	
6			8		9			3
	4						9	
			9		7			
	9			4			2	
		3				8		

 Date.

 Time.

100

6							1	4
	9							3
			3	2				
					6	7		
		2		5		8		
		3	4					
				8	1			
4							5	
7	5							6

Date. _____   Time. _____

	6		2			8		
		1			7			
2				6				1
	3		5				2	
		4				6		
	5		3				8	
6				2				4
		3			1			
	1		8			9		

Date. _____   Time. _____

		8	3		2	9		
5				1				7
7				5				9
		5	2	8	6	3		
6				3				8
1				4				5
		4	5		8	6		

Date.

Time.

	1					8		
2					9			
		3		7				6
			5		3		2	
		4				3		
	7		6		8			
9				6		7		
			4					8
		5					9	

Date.

Time.

	8				2			
						4		
			6			7	5	
9			7		6		4	
5								6
	7		5		1			2
	1	2			3			
		3						
			4				9	

Date.

Time.

1		5			2	9		
				9				7
								3
			3			4	6	
				8				
	1	8			5			
3								
6				2				
		2	8			5		9

Date. _____   Time. _____

	7					8		
6							7	
				8	1			6
	2	3			6			
	5						3	
			9			6	4	
7			2	4				
	1							3
		2					5	

Date. _____ Time. _____

6					5		4	
	5		6			9		
		3		8				6
		7			9			8
	3						9	
4			8			2		
7				5		8		
		2			4		7	
	6		9					3

Date.

Time.

1								
		2			5		8	
	5		3			6		9
		4		2			7	
	3			4		8		
4		5			8		3	
	6		7			9		
								1

Date. _____   Time. _____

THE STRONGEST SUDOKU

095

		4		8		2		
				3				
	7						4	
3			2		8			9
		6				5		
5			1		9			8
	8						3	
				2				
		5		4		6		

Date.

Time.

7			9					3
	9	8		3				
					2	1		
		4	1				8	
	6			2			5	
	2				5	7		
		3	8					
				4		2	9	
4					6			5

Date. _____ Time. _____

		9						4
	2		6				3	
7		8		1			5	
	5			9				1
		6	2					
						8	7	
					5			6
	1	3			8		9	
4			7			2		

Date.

Time.

4			6					7
	6			8			1	
		5			7	9		
	3		8					9
		9		2		4		
2					9		5	
		4	2			3		
	1			6			9	
7					5			8

Date.

Time.

	8							
				7		1		6
	4		5		3			
		9			7	4		
	5			2			7	
		3	1			5		
			8		4		5	
6		5		9				
							9	

Date.

Time.

THE STRONGEST SUDOKU

					9	8		
	1	2	3					
7				4				5
8			5				3	
		6				5		
	4				3			7
6				9				4
					2	7	1	
		8	7					

Date.

Time.

					9		4	
		6	5					2
	2			8		3		
		2	8					
9								7
					3	6		
		7		5			1	
4					8	9		
	1		6					

Date. Time.

THE STRONGEST SUDOKU

	2		8	7			5	
		5	4			3		
	9	7	1					
	8						3	
					8	4	6	
		1			5	6		
	3			9	6		8	

Date. Time.

1			8					4
		6				3		
	8			4			6	
			9					1
		5		1		7		
9					2			
	9			2			7	
		2				8		
8					4			5

Date.

Time.

9		6		8				1
			5		3			8
		4				7		
1			9		4			2
		5				6		
8			6		5			
2				3		9		7

Date. _____   Time. _____

	2			5			8	
1								9
		6	1		9			
	5					2		
6				3				7
		2					5	
			7		1	8		
4								1
	3			4			6	

Date. 　　　　　　　Time.

						7		
	8		5	1			6	
5					2			
		4	9				5	
	6						7	
	9				6	4		
			1					4
	4			8	3		2	
		9						

Date.

Time.

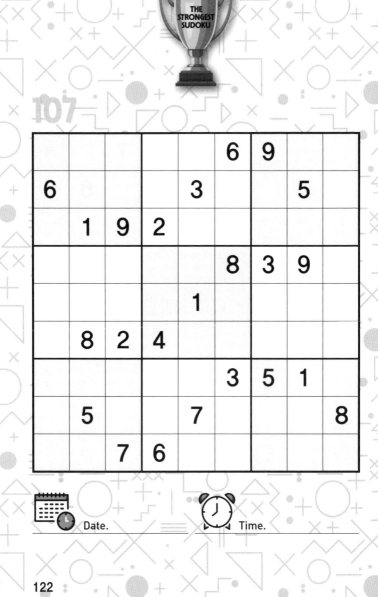

					6	9		
6				3			5	
	1	9	2					
					8	3	9	
				1				
	8	2	4					
					3	5	1	
	5			7				8
		7	6					

Date.

Time.

	6							8
3			2				4	
		7		9		1		
	5		9					
		2				4		
					5		2	
		9		4		7		
	1				7			5
6							3	

Date. _____ Time. _____

	9						2	5
			2				4	
		6	8		4			
					1	3		
5								7
		9	3					
			5		7	8		
	8				3			
2	4						9	

Date. _____

Time. _____

	6				1			
		4			5			6
		5			2	3	7	
3	4	6						
				2				
						9	8	3
	8	7	2			5		
9			6			7		
			9				1	

Date. _____

Time. _____

1								2
		9		7				
			8		4		5	
		6		1		4		
	7						6	
		3		5		8		
	2		6		3			
				9		5		
4								3

Date. _____

Time. _____

	1			5				
		8	3					9
					1		7	
		9		6			5	
2			7		5			4
	3			8		6		
	6		2					
5					6	8		
				7			3	

Date.

Time.

		7		3				
	2		7				6	
		9				7		1
				6			2	
6			8		9			7
	3			1				
7		3				8		
	9				4		5	
				2		1		

Date.　　　　　　　Time.

			8		9			
		2				5		
	3			1			4	
5			3		4			1
	7			6			2	
		8				9		
			5		7			
	4			2			6	
		1		4		8		

 Date.

 Time.

	5				8			1
				7		6		
		7			4			
	3		2					9
		5				8		
9					3		4	
			3			9		
		9		5				
2			6				7	

Date.

Time.

		2			3	9		
	3			9				
4								5
5			2	6				7
		9			5		4	
	8				4			
7				5				4
			8				6	
		3			2	5		

Date. _____   Time. _____

					4			
	8	6				3		
	3		7				2	
		4	6		3			1
						8		
5			4		8		9	
	1			2				9
		9			7			
			5			6		

Date.

Time.

		5		7				6
	4				8		9	
2						1		
9				1		5		
		6				3		
		2		8				7
		3						2
	1		7				4	
6				5		8		

Date.

Time.

			1		6			
		2				6		
	3			9			4	
3			7		8			2
		4				3		
	5						9	
		5				7		
	4			5			8	
8			6		3			1

Date. _____   Time. _____

Answer

001

2	6	5	7	4	9	8	3	1
8	7	9	3	5	1	6	2	4
1	4	3	6	8	2	5	7	9
5	9	7	2	3	8	1	4	6
3	2	6	5	1	4	9	8	7
4	1	8	9	7	6	2	5	3
6	3	1	8	2	7	4	9	5
7	8	4	1	9	5	3	6	2
9	5	2	4	6	3	7	1	8

002

3	1	4	9	6	8	5	2	7
6	5	2	1	3	7	4	8	9
8	9	7	5	4	2	6	3	1
7	2	3	6	5	9	1	4	8
1	6	8	7	2	4	3	9	5
9	4	5	3	8	1	2	7	6
4	3	1	8	7	6	9	5	2
5	7	6	2	9	3	8	1	4
2	8	9	4	1	5	7	6	3

003

6	8	9	2	7	3	5	4	1
7	4	5	9	1	8	3	6	2
1	2	3	4	5	6	9	8	7
9	3	1	8	4	2	6	7	5
5	6	2	7	3	1	4	9	8
4	7	8	5	6	9	2	1	3
3	9	4	1	2	7	8	5	6
8	1	6	3	9	5	7	2	4
2	5	7	6	8	4	1	3	9

004

3	1	2	7	5	6	4	8	9
4	6	7	3	8	9	1	5	2
8	5	9	4	1	2	7	6	3
5	7	6	9	2	8	3	1	4
2	8	1	5	3	4	6	9	7
9	3	4	6	7	1	8	2	5
1	2	5	8	4	3	9	7	6
6	4	8	2	9	7	5	3	1
7	9	3	1	6	5	2	4	8

005

5	3	6	9	7	1	2	8	4
9	4	7	2	6	8	5	3	1
2	1	8	5	4	3	7	9	6
1	8	5	7	3	4	6	2	9
6	9	2	8	1	5	4	7	3
4	7	3	6	9	2	1	5	8
3	5	9	4	2	6	8	1	7
7	2	4	1	8	9	3	6	5
8	6	1	3	5	7	9	4	2

006

8	2	4	7	1	3	9	6	5
1	5	6	4	2	9	3	8	7
3	9	7	5	6	8	4	1	2
7	4	5	2	3	1	8	9	6
2	6	8	9	4	5	1	7	3
9	3	1	6	8	7	2	5	4
4	8	3	1	5	6	7	2	9
6	7	2	8	9	4	5	3	1
5	1	9	3	7	2	6	4	8

007

9	1	4	3	7	5	6	8	2
7	8	2	6	4	9	1	5	3
3	6	5	1	2	8	7	4	9
1	5	9	7	8	6	3	2	4
2	7	6	4	9	3	5	1	8
4	3	8	2	5	1	9	6	7
6	9	1	8	3	4	2	7	5
5	4	7	9	6	2	8	3	1
8	2	3	5	1	7	4	9	6

008

3	8	5	1	9	7	4	6	2
9	1	7	4	2	6	3	8	5
6	2	4	3	8	5	1	9	7
4	6	3	9	5	2	7	1	8
5	7	1	8	6	4	9	2	3
8	9	2	7	3	1	5	4	6
7	3	9	2	1	8	6	5	4
2	4	6	5	7	9	8	3	1
1	5	8	6	4	3	2	7	9

009

3	9	5	7	6	2	8	1	4
8	7	4	3	9	1	2	6	5
6	2	1	5	8	4	9	3	7
4	6	9	8	3	7	5	2	1
7	8	3	2	1	5	4	9	6
1	5	2	6	4	9	7	8	3
2	3	7	9	5	6	1	4	8
9	1	6	4	7	8	3	5	2
5	4	8	1	2	3	6	7	9

010

4	5	6	3	8	9	7	2	1
3	8	9	2	7	1	5	4	6
1	2	7	6	5	4	3	9	8
6	3	4	9	2	7	8	1	5
9	7	8	1	3	5	4	6	2
5	1	2	4	6	8	9	7	3
7	6	5	8	4	2	1	3	9
8	9	3	7	1	6	2	5	4
2	4	1	5	9	3	6	8	7

011

5	7	9	2	3	1	4	6	8
3	2	4	7	6	8	1	5	9
6	8	1	4	9	5	3	7	2
1	5	3	9	2	7	6	8	4
4	9	7	8	1	6	2	3	5
2	6	8	5	4	3	9	1	7
9	3	5	6	8	2	7	4	1
8	1	2	3	7	4	5	9	6
7	4	6	1	5	9	8	2	3

012

9	7	6	5	1	2	4	8	3
5	2	4	3	8	9	7	6	1
8	1	3	4	6	7	9	2	5
1	4	5	7	2	8	6	3	9
6	9	7	1	3	4	2	5	8
3	8	2	9	5	6	1	7	4
7	3	1	2	9	5	8	4	6
2	5	8	6	4	1	3	9	7
4	6	9	8	7	3	5	1	2

013

3	6	9	7	4	1	5	8	2
4	5	8	9	6	2	3	7	1
1	7	2	3	8	5	4	6	9
5	3	7	1	9	8	6	2	4
2	1	6	4	7	3	8	9	5
8	9	4	5	2	6	7	1	3
9	4	5	6	1	7	2	3	8
7	2	1	8	3	4	9	5	6
6	8	3	2	5	9	1	4	7

014

4	7	9	5	3	2	1	6	8
6	5	1	7	8	4	2	9	3
3	8	2	9	1	6	7	5	4
8	9	5	3	2	7	6	4	1
1	4	6	8	9	5	3	7	2
2	3	7	6	4	1	5	8	9
9	6	8	2	7	3	4	1	5
5	1	3	4	6	8	9	2	7
7	2	4	1	5	9	8	3	6

015

7	4	9	2	5	8	3	1	6
6	2	1	4	7	3	9	5	8
8	3	5	6	9	1	2	4	7
4	5	3	8	2	7	1	6	9
9	8	7	1	4	6	5	2	3
2	1	6	5	3	9	8	7	4
5	6	4	3	8	2	7	9	1
3	7	2	9	1	4	6	8	5
1	9	8	7	6	5	4	3	2

016

1	5	4	6	2	9	3	8	7
3	2	9	8	5	7	6	4	1
8	6	7	1	4	3	2	5	9
5	4	3	2	6	1	7	9	8
9	7	2	3	8	5	4	1	6
6	8	1	7	9	4	5	3	2
2	9	5	4	1	6	8	7	3
7	1	8	5	3	2	9	6	4
4	3	6	9	7	8	1	2	5

017

7	1	2	3	5	9	6	4	8
5	9	6	8	1	4	7	2	3
4	8	3	7	2	6	5	9	1
2	4	9	1	6	8	3	5	7
3	6	7	5	4	2	1	8	9
8	5	1	9	3	7	2	6	4
1	3	8	2	9	5	4	7	6
6	7	5	4	8	3	9	1	2
9	2	4	6	7	1	8	3	5

018

7	1	8	3	4	9	2	6	5
6	9	4	1	2	5	7	8	3
2	3	5	8	7	6	9	1	4
5	7	9	6	8	3	4	2	1
1	6	2	9	5	4	8	3	7
4	8	3	2	1	7	5	9	6
3	5	6	4	9	8	1	7	2
9	2	7	5	3	1	6	4	8
8	4	1	7	6	2	3	5	9

019

7	3	4	1	8	5	2	9	6
9	1	5	2	3	6	8	4	7
8	6	2	9	4	7	3	1	5
3	4	9	6	1	2	5	7	8
2	7	1	4	5	8	6	3	9
6	5	8	3	7	9	4	2	1
4	9	3	5	6	1	7	8	2
5	2	7	8	9	3	1	6	4
1	8	6	7	2	4	9	5	3

020

9	2	1	4	6	5	3	8	7
4	3	8	9	2	7	5	1	6
5	6	7	1	3	8	9	4	2
1	5	6	2	9	3	8	7	4
7	4	9	6	8	1	2	3	5
2	8	3	5	7	4	1	6	9
8	7	2	3	5	6	4	9	1
6	1	5	8	4	9	7	2	3
3	9	4	7	1	2	6	5	8

021

7	4	8	6	5	3	9	2	1
3	5	6	2	1	9	7	8	4
1	9	2	8	4	7	3	6	5
6	8	9	7	2	5	4	1	3
5	1	3	4	9	6	2	7	8
4	2	7	1	3	8	6	5	9
8	7	5	3	6	4	1	9	2
2	6	4	9	8	1	5	3	7
9	3	1	5	7	2	8	4	6

022

5	2	6	9	3	1	4	7	8
1	9	7	8	6	4	2	3	5
3	4	8	5	7	2	9	6	1
6	8	3	7	4	9	5	1	2
7	1	2	3	5	8	6	4	9
4	5	9	2	1	6	7	8	3
8	6	1	4	9	5	3	2	7
2	7	5	6	8	3	1	9	4
9	3	4	1	2	7	8	5	6

023

6	3	2	1	4	9	7	8	5
9	5	8	2	7	6	4	1	3
1	4	7	3	5	8	6	2	9
8	2	1	7	9	3	5	4	6
3	9	4	6	1	5	8	7	2
7	6	5	8	2	4	3	9	1
5	1	3	4	8	2	9	6	7
2	8	6	9	3	7	1	5	4
4	7	9	5	6	1	2	3	8

024

2	6	5	9	4	3	8	1	7
9	8	4	1	7	5	6	2	3
3	1	7	2	6	8	4	5	9
1	5	2	3	8	9	7	4	6
7	9	6	4	2	1	3	8	5
4	3	8	7	5	6	1	9	2
6	4	1	5	3	2	9	7	8
5	7	3	8	9	4	2	6	1
8	2	9	6	1	7	5	3	4

025

1	7	8	4	2	3	9	5	6
9	4	2	5	6	1	3	8	7
5	6	3	7	9	8	1	2	4
4	1	5	6	3	2	7	9	8
2	8	9	1	7	4	6	3	5
6	3	7	9	8	5	4	1	2
8	9	4	3	5	6	2	7	1
3	5	6	2	1	7	8	4	9
7	2	1	8	4	9	5	6	3

026

2	8	4	5	6	9	7	3	1
3	6	1	4	7	2	5	8	9
5	9	7	3	1	8	2	6	4
9	1	6	2	8	5	3	4	7
8	3	5	1	4	7	9	2	6
4	7	2	6	9	3	8	1	5
6	5	8	9	2	4	1	7	3
7	4	9	8	3	1	6	5	2
1	2	3	7	5	6	4	9	8

027

1	7	5	3	9	8	4	2	6
6	4	8	5	2	7	3	1	9
3	9	2	4	6	1	7	5	8
9	5	6	7	4	3	2	8	1
7	2	1	6	8	5	9	3	4
4	8	3	2	1	9	6	7	5
2	3	4	8	5	6	1	9	7
5	1	7	9	3	4	8	6	2
8	6	9	1	7	2	5	4	3

028

6	4	9	1	7	5	2	8	3
1	7	2	6	3	8	5	4	9
5	3	8	9	2	4	7	1	6
8	1	3	5	6	7	4	9	2
2	5	4	3	1	9	8	6	7
9	6	7	4	8	2	1	3	5
4	2	1	7	9	3	6	5	8
3	8	6	2	5	1	9	7	4
7	9	5	8	4	6	3	2	1

029

5	6	4	2	1	8	7	3	9
3	8	1	7	5	9	4	6	2
7	9	2	3	6	4	1	5	8
9	4	5	6	8	7	3	2	1
6	2	7	1	4	3	9	8	5
1	3	8	9	2	5	6	4	7
4	7	9	5	3	2	8	1	6
2	1	3	8	9	6	5	7	4
8	5	6	4	7	1	2	9	3

030

8	1	2	7	5	3	6	9	4
4	7	5	9	6	2	1	8	3
9	3	6	8	4	1	2	5	7
7	4	1	2	8	5	3	6	9
2	6	8	3	7	9	4	1	5
3	5	9	4	1	6	7	2	8
1	2	7	5	3	8	9	4	6
6	8	3	1	9	4	5	7	2
5	9	4	6	2	7	8	3	1

031

3	6	5	8	7	2	4	1	9
8	9	2	4	6	1	3	5	7
4	1	7	5	9	3	2	6	8
6	8	3	2	4	7	5	9	1
7	2	1	9	8	5	6	3	4
9	5	4	3	1	6	7	8	2
2	3	8	7	5	9	1	4	6
1	7	9	6	3	4	8	2	5
5	4	6	1	2	8	9	7	3

032

5	6	1	4	9	7	8	3	2
4	9	3	2	6	8	7	1	5
8	7	2	3	1	5	4	6	9
2	8	9	1	3	4	6	5	7
1	5	4	7	8	6	2	9	3
7	3	6	9	5	2	1	8	4
6	4	8	5	2	9	3	7	1
3	2	5	6	7	1	9	4	8
9	1	7	8	4	3	5	2	6

033

4	9	1	3	7	2	6	5	8
6	8	7	9	1	5	3	4	2
3	5	2	8	6	4	7	1	9
2	4	8	7	5	1	9	6	3
9	3	6	2	4	8	5	7	1
7	1	5	6	3	9	8	2	4
5	7	9	4	2	3	1	8	6
8	6	4	1	9	7	2	3	5
1	2	3	5	8	6	4	9	7

034

5	8	1	9	6	3	7	4	2
3	6	2	7	4	8	1	5	9
4	7	9	2	1	5	6	3	8
9	1	6	8	3	2	4	7	5
8	4	7	5	9	1	3	2	6
2	5	3	6	7	4	8	9	1
6	9	8	3	5	7	2	1	4
7	2	4	1	8	9	5	6	3
1	3	5	4	2	6	9	8	7

035

5	7	4	2	8	3	1	9	6
6	1	8	7	9	5	4	3	2
9	2	3	6	4	1	5	7	8
8	6	5	3	1	7	9	2	4
2	4	1	9	5	8	7	6	3
7	3	9	4	6	2	8	1	5
3	8	7	1	2	4	6	5	9
1	5	6	8	3	9	2	4	7
4	9	2	5	7	6	3	8	1

036

3	2	9	5	8	1	6	4	7
6	5	4	7	2	9	8	1	3
7	1	8	3	6	4	5	9	2
9	8	3	1	7	2	4	6	5
1	4	2	9	5	6	3	7	8
5	7	6	8	4	3	9	2	1
4	3	5	2	9	7	1	8	6
2	9	1	6	3	8	7	5	4
8	6	7	4	1	5	2	3	9

037

5	2	9	4	6	7	3	8	1
4	7	8	2	1	3	9	5	6
3	1	6	8	5	9	2	4	7
1	9	5	7	8	6	4	3	2
2	6	7	3	9	4	8	1	5
8	3	4	1	2	5	7	6	9
7	4	1	5	3	2	6	9	8
9	5	2	6	4	8	1	7	3
6	8	3	9	7	1	5	2	4

038

7	1	6	2	5	4	9	3	8
4	8	5	3	6	9	2	7	1
3	9	2	8	1	7	6	5	4
1	2	9	7	4	8	3	6	5
8	6	3	5	9	1	7	4	2
5	4	7	6	2	3	1	8	9
2	7	4	9	3	5	8	1	6
6	5	8	1	7	2	4	9	3
9	3	1	4	8	6	5	2	7

039

5	9	8	2	1	7	6	4	3
7	4	3	5	6	9	1	2	8
6	2	1	8	4	3	5	7	9
9	7	4	6	8	5	2	3	1
2	8	5	4	3	1	7	9	6
3	1	6	9	7	2	4	8	5
8	3	7	1	5	4	9	6	2
1	6	9	7	2	8	3	5	4
4	5	2	3	9	6	8	1	7

040

5	8	2	7	9	3	1	6	4
1	6	4	5	2	8	3	9	7
7	9	3	1	6	4	5	2	8
2	5	7	6	8	1	9	4	3
8	3	6	4	7	9	2	5	1
9	4	1	2	3	5	7	8	6
4	1	9	8	5	7	6	3	2
6	7	5	3	4	2	8	1	9
3	2	8	9	1	6	4	7	5

041

6	5	8	7	3	4	1	2	9
3	7	2	6	1	9	5	8	4
9	4	1	2	5	8	6	3	7
4	1	5	8	2	3	9	7	6
7	8	6	5	9	1	3	4	2
2	9	3	4	7	6	8	1	5
1	6	4	9	8	7	2	5	3
5	3	7	1	6	2	4	9	8
8	2	9	3	4	5	7	6	1

042

9	4	6	2	3	1	7	5	8
8	7	3	5	4	6	2	9	1
1	2	5	8	7	9	4	6	3
2	3	9	6	5	4	1	8	7
7	5	1	9	2	8	6	3	4
6	8	4	7	1	3	9	2	5
3	1	8	4	9	2	5	7	6
4	9	7	3	6	5	8	1	2
5	6	2	1	8	7	3	4	9

043

7	5	6	9	4	8	3	2	1
4	9	1	2	5	3	6	7	8
3	2	8	1	6	7	9	4	5
5	1	7	6	3	4	2	8	9
6	4	9	8	1	2	7	5	3
8	3	2	5	7	9	1	6	4
1	7	4	3	8	6	5	9	2
2	8	3	7	9	5	4	1	6
9	6	5	4	2	1	8	3	7

044

8	9	4	7	5	6	2	3	1
2	6	1	8	3	9	5	4	7
7	5	3	2	1	4	9	6	8
1	8	6	5	4	3	7	9	2
5	3	2	9	8	7	4	1	6
4	7	9	6	2	1	8	5	3
6	1	5	4	7	8	3	2	9
9	4	7	3	6	2	1	8	5
3	2	8	1	9	5	6	7	4

045

8	3	9	2	6	4	5	1	7
6	1	7	9	8	5	3	4	2
2	4	5	3	7	1	8	6	9
3	7	6	8	5	2	4	9	1
5	8	4	1	9	7	2	3	6
1	9	2	4	3	6	7	8	5
4	6	1	5	2	3	9	7	8
7	5	8	6	4	9	1	2	3
9	2	3	7	1	8	6	5	4

046

2	7	1	8	6	9	5	3	4
4	9	8	5	1	3	6	7	2
3	6	5	4	7	2	1	8	9
1	8	9	3	2	4	7	6	5
5	3	7	6	9	8	2	4	1
6	2	4	1	5	7	8	9	3
7	5	6	9	4	1	3	2	8
9	1	3	2	8	6	4	5	7
8	4	2	7	3	5	9	1	6

047

6	1	5	9	3	8	4	7	2
3	7	4	6	1	2	8	5	9
9	8	2	7	5	4	6	3	1
4	6	9	2	7	5	3	1	8
5	2	7	1	8	3	9	6	4
8	3	1	4	6	9	7	2	5
2	9	6	5	4	7	1	8	3
1	4	8	3	2	6	5	9	7
7	5	3	8	9	1	2	4	6

048

1	3	7	2	6	9	8	4	5
9	2	5	1	4	8	3	6	7
6	4	8	3	7	5	2	9	1
5	1	3	6	8	7	4	2	9
4	8	2	9	5	1	6	7	3
7	6	9	4	2	3	5	1	8
2	9	1	5	3	4	7	8	6
8	5	6	7	9	2	1	3	4
3	7	4	8	1	6	9	5	2

049

8	3	9	2	5	4	7	6	1
4	7	5	6	1	9	8	3	2
2	1	6	3	8	7	4	5	9
9	5	4	7	2	1	3	8	6
1	2	8	4	3	6	5	9	7
3	6	7	5	9	8	1	2	4
5	9	3	1	4	2	6	7	8
6	4	2	8	7	3	9	1	5
7	8	1	9	6	5	2	4	3

050

9	3	1	5	6	4	8	2	7
8	4	2	9	7	1	6	3	5
6	5	7	2	3	8	9	4	1
4	1	5	8	9	2	3	7	6
7	6	9	4	1	3	5	8	2
3	2	8	7	5	6	4	1	9
5	8	4	1	2	9	7	6	3
1	7	6	3	4	5	2	9	8
2	9	3	6	8	7	1	5	4

051

2	4	7	5	3	1	9	6	8
3	8	1	6	9	7	4	2	5
6	9	5	2	4	8	1	7	3
4	3	9	8	7	6	2	5	1
5	7	6	1	2	3	8	9	4
1	2	8	9	5	4	7	3	6
7	1	3	4	6	9	5	8	2
9	5	4	3	8	2	6	1	7
8	6	2	7	1	5	3	4	9

052

7	8	2	4	5	1	9	6	3
6	5	4	9	8	3	1	7	2
3	1	9	6	7	2	4	8	5
8	9	5	1	4	7	3	2	6
4	6	3	2	9	5	7	1	8
2	7	1	8	3	6	5	4	9
1	4	8	3	6	9	2	5	7
9	2	7	5	1	8	6	3	4
5	3	6	7	2	4	8	9	1

053

9	8	4	6	7	1	3	2	5
7	2	6	5	9	3	1	8	4
5	3	1	2	4	8	7	9	6
8	6	7	3	1	9	4	5	2
1	4	5	8	2	7	6	3	9
3	9	2	4	6	5	8	7	1
4	5	9	7	8	6	2	1	3
6	1	8	9	3	2	5	4	7
2	7	3	1	5	4	9	6	8

054

1	4	5	7	2	6	9	8	3
8	3	6	9	1	5	2	4	7
9	2	7	4	8	3	6	5	1
7	1	4	2	5	9	8	3	6
2	8	3	6	7	4	1	9	5
5	6	9	1	3	8	7	2	4
4	7	1	3	9	2	5	6	8
3	5	2	8	6	7	4	1	9
6	9	8	5	4	1	3	7	2

055

2	4	9	1	8	3	7	5	6
3	8	7	5	9	6	4	2	1
6	5	1	2	4	7	3	8	9
8	1	5	9	3	4	2	6	7
7	3	6	8	1	2	9	4	5
4	9	2	7	6	5	8	1	3
9	6	4	3	2	1	5	7	8
5	2	8	6	7	9	1	3	4
1	7	3	4	5	8	6	9	2

056

5	3	9	4	1	2	7	6	8
6	2	1	5	7	8	4	9	3
4	8	7	9	3	6	1	2	5
2	4	8	1	9	3	6	5	7
1	9	5	6	2	7	8	3	4
3	7	6	8	5	4	2	1	9
9	5	2	7	8	1	3	4	6
7	1	4	3	6	5	9	8	2
8	6	3	2	4	9	5	7	1

057

5	2	8	3	9	1	6	7	4
4	7	3	6	8	2	5	1	9
9	1	6	5	7	4	2	8	3
2	3	5	9	6	7	8	4	1
1	9	4	2	5	8	7	3	6
8	6	7	1	4	3	9	2	5
7	5	1	8	3	6	4	9	2
3	4	9	7	2	5	1	6	8
6	8	2	4	1	9	3	5	7

058

4	6	8	9	7	2	5	1	3
1	2	7	5	6	3	8	4	9
5	3	9	8	1	4	6	7	2
2	1	4	6	9	7	3	8	5
9	8	3	4	5	1	7	2	6
7	5	6	2	3	8	4	9	1
6	9	1	7	4	5	2	3	8
8	4	5	3	2	9	1	6	7
3	7	2	1	8	6	9	5	4

059

8	1	9	3	6	2	4	7	5
2	7	5	9	4	1	3	8	6
6	3	4	7	5	8	9	2	1
4	9	2	1	8	3	5	6	7
3	5	8	6	7	4	2	1	9
1	6	7	2	9	5	8	4	3
7	8	3	4	1	9	6	5	2
9	4	6	5	2	7	1	3	8
5	2	1	8	3	6	7	9	4

060

8	7	5	4	2	9	3	6	1
6	3	4	5	1	8	7	9	2
9	1	2	6	7	3	4	8	5
2	5	7	3	6	1	8	4	9
3	9	8	7	4	2	1	5	6
4	6	1	9	8	5	2	7	3
5	8	9	1	3	4	6	2	7
7	2	3	8	5	6	9	1	4
1	4	6	2	9	7	5	3	8

061

2	3	7	8	1	6	4	9	5
4	8	6	7	9	5	2	3	1
9	5	1	2	4	3	6	7	8
8	9	5	6	3	2	1	4	7
6	1	4	9	5	7	8	2	3
7	2	3	4	8	1	5	6	9
1	6	2	5	7	9	3	8	4
5	4	9	3	2	8	7	1	6
3	7	8	1	6	4	9	5	2

062

9	7	6	8	1	4	2	3	5
1	2	8	5	3	9	4	6	7
3	5	4	2	7	6	1	8	9
8	3	5	1	6	7	9	2	4
6	1	9	3	4	2	7	5	8
2	4	7	9	8	5	6	1	3
5	8	2	4	9	1	3	7	6
7	9	3	6	2	8	5	4	1
4	6	1	7	5	3	8	9	2

063

9	6	2	1	3	8	4	5	7
3	1	8	4	5	7	2	6	9
4	7	5	9	2	6	1	3	8
7	5	3	2	4	9	8	1	6
2	8	6	7	1	3	9	4	5
1	4	9	8	6	5	7	2	3
5	2	7	6	8	4	3	9	1
8	3	1	5	9	2	6	7	4
6	9	4	3	7	1	5	8	2

064

8	6	1	9	7	3	5	2	4
5	7	4	2	8	6	3	9	1
2	3	9	4	5	1	7	8	6
6	9	3	5	4	7	8	1	2
4	5	2	3	1	8	6	7	9
7	1	8	6	2	9	4	3	5
9	8	7	1	6	5	2	4	3
1	2	5	8	3	4	9	6	7
3	4	6	7	9	2	1	5	8

065

2	1	6	8	7	3	4	9	5
9	8	7	4	5	2	6	3	1
4	5	3	9	6	1	8	2	7
7	6	2	3	8	5	9	1	4
5	4	1	7	9	6	3	8	2
8	3	9	2	1	4	5	7	6
3	2	8	6	4	7	1	5	9
1	9	4	5	2	8	7	6	3
6	7	5	1	3	9	2	4	8

066

1	2	9	4	8	3	6	7	5
5	4	7	6	9	2	8	1	3
8	6	3	7	5	1	4	2	9
4	8	2	5	1	9	3	6	7
9	3	1	8	6	7	2	5	4
6	7	5	2	3	4	1	9	8
7	9	6	1	4	8	5	3	2
3	5	4	9	2	6	7	8	1
2	1	8	3	7	5	9	4	6

067

6	7	9	2	8	5	4	3	1
2	8	5	1	4	3	6	9	7
3	1	4	9	7	6	5	2	8
1	4	6	7	2	8	3	5	9
9	3	7	4	5	1	8	6	2
8	5	2	6	3	9	1	7	4
5	2	8	3	1	7	9	4	6
7	9	1	5	6	4	2	8	3
4	6	3	8	9	2	7	1	5

068

6	5	3	9	8	2	4	1	7
4	8	7	6	1	5	9	3	2
2	9	1	3	4	7	6	5	8
7	4	2	5	9	3	1	8	6
3	6	5	8	2	1	7	9	4
9	1	8	4	7	6	3	2	5
8	2	6	1	3	4	5	7	9
5	3	9	7	6	8	2	4	1
1	7	4	2	5	9	8	6	3

069

2	4	8	1	5	9	6	7	3
3	1	5	2	7	6	9	8	4
7	6	9	4	8	3	1	5	2
8	7	1	3	9	5	4	2	6
5	9	2	6	4	7	8	3	1
4	3	6	8	1	2	5	9	7
9	2	4	7	6	8	3	1	5
1	5	7	9	3	4	2	6	8
6	8	3	5	2	1	7	4	9

070

6	3	1	8	7	9	4	2	5
8	7	2	6	5	4	1	9	3
5	4	9	2	3	1	7	6	8
4	8	5	7	1	2	9	3	6
9	6	7	3	4	5	2	8	1
1	2	3	9	6	8	5	4	7
7	9	4	1	8	3	6	5	2
2	1	8	5	9	6	3	7	4
3	5	6	4	2	7	8	1	9

071

7	5	4	2	1	8	3	9	6
6	8	3	4	7	9	1	2	5
9	2	1	3	6	5	4	8	7
3	6	5	8	4	1	9	7	2
4	7	9	5	2	6	8	1	3
8	1	2	7	9	3	6	5	4
5	9	6	1	3	7	2	4	8
1	4	7	6	8	2	5	3	9
2	3	8	9	5	4	7	6	1

072

2	1	8	3	5	9	6	7	4
4	5	9	8	7	6	1	2	3
3	7	6	1	4	2	9	5	8
8	9	1	2	6	3	7	4	5
5	6	2	7	8	4	3	1	9
7	4	3	9	1	5	8	6	2
9	8	5	6	2	1	4	3	7
6	2	7	4	3	8	5	9	1
1	3	4	5	9	7	2	8	6

073

3	2	9	7	5	8	1	4	6
4	1	5	6	2	9	8	7	3
7	6	8	1	4	3	2	5	9
9	8	1	3	7	6	4	2	5
6	7	4	2	1	5	3	9	8
5	3	2	8	9	4	7	6	1
1	5	6	4	8	2	9	3	7
8	4	3	9	6	7	5	1	2
2	9	7	5	3	1	6	8	4

074

4	1	6	2	8	3	7	9	5
9	7	2	4	1	5	8	3	6
8	3	5	7	9	6	4	2	1
6	8	1	3	2	9	5	7	4
3	9	7	8	5	4	1	6	2
5	2	4	1	6	7	9	8	3
1	5	3	9	7	2	6	4	8
7	4	8	6	3	1	2	5	9
2	6	9	5	4	8	3	1	7

075

1	8	2	7	6	9	4	3	5
4	5	6	1	2	3	8	9	7
3	7	9	8	5	4	6	1	2
2	4	7	3	1	6	5	8	9
6	9	5	4	7	8	3	2	1
8	3	1	2	9	5	7	6	4
7	1	8	6	4	2	9	5	3
5	6	4	9	3	1	2	7	8
9	2	3	5	8	7	1	4	6

076

9	1	3	6	2	8	7	5	4
5	4	6	7	9	1	8	2	3
2	7	8	3	5	4	9	6	1
1	8	5	2	3	6	4	9	7
6	9	2	1	4	7	3	8	5
4	3	7	5	8	9	2	1	6
3	2	9	4	1	5	6	7	8
7	5	4	8	6	2	1	3	9
8	6	1	9	7	3	5	4	2

077

1	6	8	9	5	3	7	2	4
7	3	2	1	8	4	6	9	5
9	4	5	6	2	7	8	1	3
6	5	1	7	3	9	4	8	2
2	7	4	8	6	1	5	3	9
3	8	9	2	4	5	1	6	7
4	2	6	3	7	8	9	5	1
8	9	7	5	1	2	3	4	6
5	1	3	4	9	6	2	7	8

078

4	1	5	6	7	8	3	2	9
7	3	2	9	1	5	6	4	8
6	8	9	4	3	2	7	1	5
5	9	7	2	6	4	1	8	3
3	6	8	7	5	1	4	9	2
2	4	1	8	9	3	5	7	6
9	7	4	3	2	6	8	5	1
8	5	3	1	4	9	2	6	7
1	2	6	5	8	7	9	3	4

079

3	4	2	5	7	1	8	9	6
6	1	7	8	2	9	5	3	4
9	8	5	3	6	4	7	1	2
2	5	8	9	1	6	4	7	3
7	6	1	4	3	5	2	8	9
4	3	9	7	8	2	6	5	1
8	7	4	2	9	3	1	6	5
1	2	3	6	5	7	9	4	8
5	9	6	1	4	8	3	2	7

080

1	2	8	5	4	9	7	6	3
7	9	4	3	8	6	2	5	1
3	5	6	1	2	7	4	9	8
8	7	9	4	6	2	3	1	5
4	6	5	9	1	3	8	7	2
2	3	1	8	7	5	9	4	6
9	4	3	6	5	8	1	2	7
5	1	2	7	3	4	6	8	9
6	8	7	2	9	1	5	3	4

081

1	8	2	9	7	5	3	4	6
3	4	7	8	1	6	5	9	2
6	9	5	3	2	4	1	8	7
7	1	4	2	8	3	6	5	9
5	3	6	7	4	9	2	1	8
8	2	9	6	5	1	7	3	4
4	7	1	5	9	2	8	6	3
9	6	8	1	3	7	4	2	5
2	5	3	4	6	8	9	7	1

082

4	1	5	3	7	6	9	8	2
6	8	7	9	2	1	4	3	5
3	2	9	8	4	5	1	7	6
5	7	4	2	6	3	8	9	1
1	6	8	4	9	7	5	2	3
9	3	2	1	5	8	7	6	4
7	4	1	6	3	9	2	5	8
8	5	6	7	1	2	3	4	9
2	9	3	5	8	4	6	1	7

083

3	9	8	2	6	7	4	5	1
1	7	4	3	8	5	2	9	6
6	5	2	9	1	4	3	7	8
8	1	7	6	2	3	9	4	5
2	4	6	5	9	1	8	3	7
9	3	5	4	7	8	1	6	2
7	8	3	1	4	6	5	2	9
4	6	9	8	5	2	7	1	3
5	2	1	7	3	9	6	8	4

084

7	3	6	2	5	9	1	8	4
4	5	2	7	1	8	9	6	3
9	8	1	4	6	3	5	7	2
3	4	8	5	2	6	7	9	1
2	7	5	9	4	1	8	3	6
6	1	9	8	3	7	4	2	5
5	6	7	1	9	2	3	4	8
8	2	4	3	7	5	6	1	9
1	9	3	6	8	4	2	5	7

085

7	8	2	4	9	3	6	1	5
9	5	6	1	7	8	4	3	2
1	3	4	6	2	5	9	8	7
3	7	9	2	6	4	1	5	8
6	2	1	8	5	9	7	4	3
5	4	8	7	3	1	2	9	6
2	1	5	9	8	7	3	6	4
8	9	7	3	4	6	5	2	1
4	6	3	5	1	2	8	7	9

086

6	3	5	8	7	9	2	1	4
2	9	8	1	6	4	5	7	3
1	4	7	3	2	5	9	6	8
8	1	4	2	9	6	7	3	5
9	6	2	7	5	3	8	4	1
5	7	3	4	1	8	6	2	9
3	2	6	5	8	1	4	9	7
4	8	9	6	3	7	1	5	2
7	5	1	9	4	2	3	8	6

087

7	6	9	2	1	3	8	4	5
3	8	1	4	5	7	2	9	6
2	4	5	9	6	8	7	3	1
8	3	6	5	4	9	1	2	7
9	7	4	1	8	2	6	5	3
1	5	2	3	7	6	4	8	9
6	9	8	7	2	5	3	1	4
4	2	3	6	9	1	5	7	8
5	1	7	8	3	4	9	6	2

088

4	1	8	3	7	2	9	5	6
2	9	7	4	6	5	1	8	3
5	3	6	8	1	9	4	2	7
7	8	3	1	5	4	2	6	9
9	4	5	2	8	6	3	7	1
6	2	1	9	3	7	5	4	8
1	6	2	7	4	3	8	9	5
8	5	9	6	2	1	7	3	4
3	7	4	5	9	8	6	1	2

THE STRONGEST SUDOKU

089

4	1	7	2	5	6	8	3	9
2	5	6	8	3	9	1	7	4
8	9	3	1	7	4	2	5	6
1	8	9	5	4	3	6	2	7
5	6	4	9	2	7	3	8	1
3	7	2	6	1	8	9	4	5
9	4	8	3	6	5	7	1	2
7	3	1	4	9	2	5	6	8
6	2	5	7	8	1	4	9	3

090

7	8	4	1	5	2	6	3	9
1	6	5	3	9	7	4	2	8
2	3	9	6	8	4	7	5	1
9	2	8	7	3	6	1	4	5
5	4	1	8	2	9	3	7	6
3	7	6	5	4	1	9	8	2
8	1	2	9	7	3	5	6	4
4	9	3	2	6	5	8	1	7
6	5	7	4	1	8	2	9	3

091

1	7	5	4	3	2	9	8	6
8	3	4	1	9	6	2	5	7
2	9	6	7	5	8	1	4	3
5	2	7	3	1	9	4	6	8
9	6	3	2	8	4	7	1	5
4	1	8	6	7	5	3	9	2
3	8	9	5	4	7	6	2	1
6	5	1	9	2	3	8	7	4
7	4	2	8	6	1	5	3	9

092

2	7	1	3	6	5	8	9	4
6	3	8	4	2	9	5	7	1
5	4	9	7	8	1	3	2	6
4	2	3	1	5	6	7	8	9
9	5	6	8	7	4	1	3	2
1	8	7	9	3	2	6	4	5
7	6	5	2	4	3	9	1	8
8	1	4	5	9	7	2	6	3
3	9	2	6	1	8	4	5	7

093

6	1	8	7	9	5	3	4	2
2	5	4	6	3	1	9	8	7
9	7	3	4	8	2	1	5	6
5	2	7	3	4	9	6	1	8
8	3	1	5	2	6	7	9	4
4	9	6	8	1	7	2	3	5
7	4	9	2	5	3	8	6	1
3	8	2	1	6	4	5	7	9
1	6	5	9	7	8	4	2	3

094

1	4	6	2	8	9	7	5	3
3	9	2	6	7	5	1	8	4
7	5	8	3	1	4	6	2	9
9	8	4	1	2	6	3	7	5
5	2	7	8	9	3	4	1	6
6	3	1	5	4	7	8	9	2
4	1	5	9	6	8	2	3	7
2	6	3	7	5	1	9	4	8
8	7	9	4	3	2	5	6	1

095

6	5	4	9	8	7	2	1	3
1	2	8	4	3	6	9	5	7
9	7	3	5	1	2	8	4	6
3	1	7	2	5	8	4	6	9
8	9	6	3	7	4	5	2	1
5	4	2	1	6	9	3	7	8
2	8	1	6	9	5	7	3	4
4	6	9	7	2	3	1	8	5
7	3	5	8	4	1	6	9	2

096

7	1	2	9	5	4	8	6	3
6	9	8	7	3	1	5	2	4
3	4	5	6	8	2	1	7	9
5	3	4	1	6	7	9	8	2
9	6	7	3	2	8	4	5	1
8	2	1	4	9	5	7	3	6
2	5	3	8	1	9	6	4	7
1	7	6	5	4	3	2	9	8
4	8	9	2	7	6	3	1	5

097

3	6	9	5	8	7	1	2	4
5	2	1	6	4	9	7	3	8
7	4	8	3	1	2	6	5	9
2	5	7	8	9	4	3	6	1
1	8	6	2	7	3	9	4	5
9	3	4	1	5	6	8	7	2
8	7	2	9	3	5	4	1	6
6	1	3	4	2	8	5	9	7
4	9	5	7	6	1	2	8	3

098

4	9	2	6	5	1	8	3	7
3	6	7	9	8	2	5	1	4
1	8	5	4	3	7	9	6	2
5	3	1	8	4	6	7	2	9
6	7	9	5	2	3	4	8	1
2	4	8	1	7	9	6	5	3
9	5	4	2	1	8	3	7	6
8	1	3	7	6	4	2	9	5
7	2	6	3	9	5	1	4	8

099

9	8	1	6	4	2	7	3	5
5	3	2	9	7	8	1	4	6
7	4	6	5	1	3	8	2	9
2	6	9	3	5	7	4	1	8
1	5	8	4	2	6	9	7	3
4	7	3	1	8	9	5	6	2
3	9	7	8	6	4	2	5	1
6	2	5	7	9	1	3	8	4
8	1	4	2	3	5	6	9	7

100

5	6	3	2	7	9	8	4	1
4	1	2	3	8	5	6	7	9
7	8	9	1	4	6	3	2	5
8	9	1	5	2	7	4	3	6
3	7	6	4	1	8	5	9	2
2	4	5	9	6	3	1	8	7
6	3	7	8	9	1	2	5	4
9	5	4	6	3	2	7	1	8
1	2	8	7	5	4	9	6	3

101

3	5	1	2	6	9	7	4	8
8	4	6	5	3	7	1	9	2
7	2	9	4	8	1	3	6	5
1	6	2	8	7	5	4	3	9
9	8	3	1	4	6	2	5	7
5	7	4	9	2	3	6	8	1
6	9	7	3	5	2	8	1	4
4	3	5	7	1	8	9	2	6
2	1	8	6	9	4	5	7	3

102

7	4	9	5	3	2	8	1	6
3	2	6	8	7	1	9	5	4
8	1	5	4	6	9	3	7	2
6	9	7	1	4	3	5	2	8
4	8	2	6	5	7	1	3	9
1	5	3	9	2	8	4	6	7
9	7	1	2	8	5	6	4	3
5	3	4	7	9	6	2	8	1
2	6	8	3	1	4	7	9	5

103

1	2	3	8	6	7	9	5	4
7	4	6	1	5	9	3	8	2
5	8	9	2	4	3	1	6	7
6	7	8	9	3	5	4	2	1
2	3	5	4	1	6	7	9	8
9	1	4	7	8	2	5	3	6
4	9	1	5	2	8	6	7	3
3	5	2	6	7	1	8	4	9
8	6	7	3	9	4	2	1	5

104

9	3	6	2	8	7	4	5	1
5	8	2	1	4	9	3	7	6
4	1	7	5	6	3	2	9	8
3	2	4	8	5	6	7	1	9
1	6	8	9	7	4	5	3	2
7	9	5	3	1	2	6	8	4
8	7	9	6	2	5	1	4	3
6	4	3	7	9	1	8	2	5
2	5	1	4	3	8	9	6	7

105

7	2	9	3	5	4	1	8	6
1	4	3	8	2	6	5	7	9
5	8	6	1	7	9	3	4	2
3	5	4	6	9	7	2	1	8
6	1	8	2	3	5	4	9	7
9	7	2	4	1	8	6	5	3
2	9	5	7	6	1	8	3	4
4	6	7	5	8	3	9	2	1
8	3	1	9	4	2	7	6	5

106

9	1	2	3	6	8	7	4	5
4	8	7	5	1	9	2	6	3
5	3	6	4	7	2	1	9	8
1	2	4	9	3	7	8	5	6
3	6	5	8	4	1	9	7	2
7	9	8	2	5	6	4	3	1
2	7	3	1	9	5	6	8	4
6	4	1	7	8	3	5	2	9
8	5	9	6	2	4	3	1	7

107

4	7	3	5	8	6	9	2	1
6	2	8	1	3	9	7	5	4
5	1	9	2	4	7	8	6	3
1	4	5	7	6	8	3	9	2
7	9	6	3	1	2	4	8	5
3	8	2	4	9	5	1	7	6
9	6	4	8	2	3	5	1	7
2	5	1	9	7	4	6	3	8
8	3	7	6	5	1	2	4	9

108

2	6	1	7	5	4	3	9	8
3	9	8	2	6	1	5	4	7
5	4	7	3	9	8	1	6	2
1	5	4	9	8	2	6	7	3
7	8	2	1	3	6	4	5	9
9	3	6	4	7	5	8	2	1
8	2	9	5	4	3	7	1	6
4	1	3	6	2	7	9	8	5
6	7	5	8	1	9	2	3	4

109

8	9	4	1	3	6	7	2	5
3	5	1	2	7	9	6	4	8
7	2	6	8	5	4	9	3	1
4	6	2	7	8	1	3	5	9
5	3	8	9	6	2	4	1	7
1	7	9	3	4	5	2	8	6
9	1	3	5	2	7	8	6	4
6	8	5	4	9	3	1	7	2
2	4	7	6	1	8	5	9	3

110

2	6	9	7	3	1	8	4	5
7	3	4	8	9	5	1	2	6
8	1	5	4	6	2	3	7	9
3	4	6	1	8	9	2	5	7
5	9	8	3	2	7	4	6	1
1	7	2	5	4	6	9	8	3
6	8	7	2	1	3	5	9	4
9	2	1	6	5	4	7	3	8
4	5	3	9	7	8	6	1	2

111

1	8	4	9	3	5	6	7	2
6	5	9	1	7	2	3	4	8
7	3	2	8	6	4	1	5	9
5	9	6	2	1	8	4	3	7
8	7	1	3	4	9	2	6	5
2	4	3	7	5	6	8	9	1
9	2	5	6	8	3	7	1	4
3	1	8	4	9	7	5	2	6
4	6	7	5	2	1	9	8	3

112

3	1	7	6	5	9	4	8	2
4	5	8	3	2	7	1	6	9
6	9	2	8	4	1	5	7	3
7	4	9	1	6	3	2	5	8
2	8	6	7	9	5	3	1	4
1	3	5	4	8	2	6	9	7
9	6	3	2	1	8	7	4	5
5	7	4	9	3	6	8	2	1
8	2	1	5	7	4	9	3	6

113

7	8	3	2	9	5	1	4	6
2	6	9	4	1	3	8	5	7
1	5	4	8	7	6	2	9	3
4	2	5	1	3	9	7	6	8
9	7	6	5	8	2	3	1	4
3	1	8	6	4	7	5	2	9
8	9	2	7	5	4	6	3	1
5	3	1	9	6	8	4	7	2
6	4	7	3	2	1	9	8	5

114

1	6	7	9	3	5	2	8	4
3	2	4	7	8	1	9	6	5
5	8	9	6	4	2	7	3	1
9	7	1	4	6	3	5	2	8
6	4	2	8	5	9	3	1	7
8	3	5	2	1	7	4	9	6
7	1	3	5	9	6	8	4	2
2	9	8	1	7	4	6	5	3
4	5	6	3	2	8	1	7	9

115

6	5	4	8	7	9	2	1	3
1	8	2	4	3	6	5	7	9
9	3	7	2	1	5	6	4	8
5	2	6	3	9	4	7	8	1
3	7	9	1	6	8	4	2	5
4	1	8	7	5	2	9	3	6
2	6	3	5	8	7	1	9	4
8	4	5	9	2	1	3	6	7
7	9	1	6	4	3	8	5	2

116

4	5	2	9	6	8	7	3	1
3	8	1	5	7	2	6	9	4
6	9	7	1	3	4	2	5	8
7	3	8	2	4	5	1	6	9
1	4	5	7	9	6	8	2	3
9	2	6	8	1	3	5	4	7
5	7	4	3	2	1	9	8	6
8	6	9	4	5	7	3	1	2
2	1	3	6	8	9	4	7	5

117

6	5	2	4	7	3	9	1	8
1	3	7	5	9	8	4	2	6
4	9	8	6	2	1	7	3	5
5	1	4	2	6	9	3	8	7
3	7	9	1	8	5	6	4	2
2	8	6	7	3	4	1	5	9
7	2	1	3	5	6	8	9	4
9	4	5	8	1	7	2	6	3
8	6	3	9	4	2	5	7	1

118

9	5	2	3	8	4	1	6	7
7	8	6	2	9	1	3	4	5
4	3	1	7	6	5	9	2	8
8	9	4	6	7	3	2	5	1
1	6	7	9	5	2	8	3	4
5	2	3	4	1	8	7	9	6
3	1	5	8	2	6	4	7	9
6	4	9	1	3	7	5	8	2
2	7	8	5	4	9	6	1	3

119

8	9	5	1	7	4	2	3	6
3	4	1	2	6	8	7	9	5
2	6	7	9	3	5	1	8	4
9	3	4	6	1	7	5	2	8
7	8	6	5	4	2	3	1	9
1	5	2	3	8	9	4	6	7
4	7	3	8	9	1	6	5	2
5	1	8	7	2	6	9	4	3
6	2	9	4	5	3	8	7	1

120

4	7	8	1	3	6	9	2	5
9	1	2	4	8	5	6	7	3
5	3	6	2	9	7	1	4	8
3	9	1	7	4	8	5	6	2
2	8	4	5	6	9	3	1	7
6	5	7	3	1	2	8	9	4
1	6	5	8	2	4	7	3	9
7	4	3	9	5	1	2	8	6
8	2	9	6	7	3	4	5	1